江苏科普创作出版扶持计划项目

【渔美四季丛书】

丛书总主编 殷 悦 丁 玉

林 海 主编

丁 玉 徐 虹 绘画

环棱螺

——星罗棋布的春秋真味

U0260416

江苏凤凰科学技术出版社·南京

图书在版编目（CIP）数据

环棱螺：星罗棋布的春秋真味 / 林海主编 . ——
南京：江苏凤凰科学技术出版社，2023.12
（渔美四季丛书）
ISBN 978-7-5713-3844-2

I. ①环… Ⅱ. ①林… Ⅲ. ①环棱螺属 – 淡水养殖 –
青少年读物 Ⅳ. ① S966.28-49

中国国家版本馆 CIP 数据核字（2023）第 210238 号

渔美四季丛书

环棱螺——星罗棋布的春秋真味

主　编	林　海
策划编辑	沈燕燕
责任编辑	王　天
责任校对	仲　敏
责任印制	刘文洋
责任设计	蒋佳佳

出版发行	江苏凤凰科学技术出版社
出版社地址	南京市湖南路 1 号 A 楼，邮编：210009
出版社网址	http://www.pspress.cn
照　排	江苏凤凰制版有限公司
印　刷	南京新世纪联盟印务有限公司

开　本	787 mm × 1 092 mm　1/16
印　张	3.75
字　数	70 000
版　次	2023 年 12 月第 1 版
印　次	2023 年 12 月第 1 次印刷

标准书号	ISBN 978-7-5713-3844-2
定　价	28.00 元

序

在宇宙亿万年的演化过程中，地球逐渐形成了海洋湖泊、湿地森林、荒原冰川等丰富多样的生态系统，也孕育了无数美丽而独特的生命。人类一直在不断地探索，并尝试解开这些神秘的生命密码。

"渔美四季丛书"由江苏省淡水水产研究所组织编写，从多角度讲述了丰富而有趣的鱼类生物知识。从胭脂鱼的梦幻色彩到刀鲚的身世之谜，从长吻鮠的美丽家园到河鲀的海底怪圈，从环棱螺的奇闻趣事到克氏原螯虾和罗氏沼虾的迁移历史……在这套丛书里，科学性知识以趣味科普的方式娓娓道来。丛书还特邀多位资深插画师手绘了上百幅精美的插图，既有写实风格，亦有水墨风情，排版别致，令人爱不释手。

此外，丛书的内容以春、夏、秋、冬为线索展开，自然规律与故事性相结合，能激发青少年读者的好奇心、想象力和探索欲，增强他们的科学兴趣。让读者在感叹自然的奇妙之余，还能对海洋湖泊、物种生命多一份敬畏之情和爱护之心。

教育部"双减"政策的出台，给学生接近科学、理解科学、培养科学兴趣腾挪了空间和时间。这套丛书适合青少年阅读学习，既是鱼类知识的科普读物，又能作为相关研学活动的配套资料，方便老师教学使用。

科学的普及与图书出版休戚相关。江苏凤凰科学技术出版社发挥专业优势，致力于科技的普及和推广，是一家有远见、有担当、有使命的大型出版社。江苏省淡水水产研究所发挥省级科研院所渔业力量，将江苏优势渔业科技成果首次以科普的形式展现出来，"渔美四季丛书"的主题内容，与党的二十大报告提出的"加快建设农业强国"指导思想不谋而合。我相信，在以经济建设为中心的党的基本路线指引下，科普类图书出版必将在服务经济建设、服务科技进步、服务全民科学素质提升上发挥更重要的作用。希望这套丛书带给读者美好的阅读体验，以此开启探索自然奥妙的美妙之旅。

毕家珑

原江苏省青少年科技教育协会秘书长
七彩语文杂志社社长

前 言

2021年6月25日，国务院印发《全民科学素质行动规划纲要（2021—2035年）》。习近平总书记指出："科技创新、科学普及是实现创新发展的两翼，要把科学普及放在与科技创新同等重要的位置。没有全民科学素质普遍提高，就难以建立起宏大的高素质创新大军，难以实现科技成果快速转化。"

"渔美四季丛书"精选特色水产品种，其中胭脂鱼摇曳生姿，刀鲚熠熠生辉，长吻鮠古灵精怪，环棱螺腹有乾坤，河鲀生人勿近，克氏原螯虾勇猛好斗，罗氏沼虾广受欢迎。这些水产品种形态各异、各有特色。

丛书揭开了渔业科研工作的神秘面纱，化繁为简，以平实的语言、生动的绘画，展示了这些水生精灵的四季变化，将它们的过去、现在与未来，繁殖、培育与养成，向读者娓娓道来。最终拉近读者与它们之间的距离，让科普更亲近大众，让创新更集思广益、有的放矢。

中华文明，浩浩荡荡，科学普及，任重道远。愿"渔美四季丛书"在渔业发展的道路上，点一盏心灯，筑一块基石！

编者

目 录

水中漫步的宝塔

好奇的小罗

罗文轩是个小个子的男生，小身板，大脑袋，平顶头。圆鼓鼓的脸蛋上有对弯弯的眉毛，笑起来展成一条线，十分可爱，眉毛下有双炯炯有神的大眼睛，忽闪忽闪的，显得十分机灵活泼，眼睛下小小的鼻子，红红的嘴唇，最有标志性的是那双招风耳，跑起步来呼哧呼哧的，大家都说特别像动画片里的大耳朵图图！

罗文轩有一个温馨的三口之家。他最崇拜的爸爸是一名大学教授，叫罗涛，从事渔业科研工作。罗爸爸国字脸配上弯眉毛，不笑的时候严肃了点，笑起来和蔼可亲。罗文轩从小受爸爸的影响，喜欢研究住在水里的小动物，还自称是罗爸爸的小助理，常见的鱼虾蟹类，说得上名的，说不上名的，都是他研究的对象。他最爱的妈妈是位擅长料理的护士，虽然平日里工作很忙，但家庭饮食方面一点儿都不马虎，罗妈妈总会换着花样地为罗文轩安排一日三餐，为此罗文轩特别骄傲。罗妈妈注册了一个视频号，闲暇时会上传自己的做菜视频，或者分享日常生活，普及医学小常识。据说粉丝数已经两千多了。最近她正研究地方小吃，准备做几期专题活动。

到了周末，罗文轩便迫不及待地央求爸爸带他去河边露营捉田螺，他记得去年爸爸带他去河边钓鱼，妈妈做鱼汤，第一次在野外度过了一个周末，十分惬意。最近，小区楼下开了一家螺蛳粉店，罗文轩第一次吃螺蛳粉，便迷上了这个独特的味道，据说汤底是螺蛳和骨头熬的汤，他觉得爸爸对水里的小动物无所不知，到时候可以让爸爸讲讲螺蛳的故事，而妈妈可以做各种美食，螺蛳粉肯定不在话下。

罗爸爸一听罗文轩对螺蛳粉感兴趣，顺口问了句："小轩，你知道螺蛳粉里的螺蛳是什么品种吗？"

罗文轩眉毛微抬，挠了挠头，回答道："不是田螺吗？"

罗爸爸猜到罗文轩不知道，开始科普："螺蛳粉的汤是用环棱螺熬制的，而田螺一般适合爆炒。"

"环棱螺，是田螺的亲戚吗？爸爸，快说快说。"罗文轩的好奇心上来了，凑到罗爸爸跟前，开启好奇宝宝模式。罗妈妈笑着摇了摇头，猜到罗爸爸又要开始科普教学了，便退出书房，做午饭去了。

"环棱螺，也就是我们平时说的'螺蛳'，是淡水腹足类动物家族的一员。"罗爸爸坐在电脑前，打开网页找到环棱螺的图片，继续讲道，"小轩，你看这个就是环棱螺，它体态柔软，圆柱形的脑袋上有个突出的嘴巴，嘴边有一对小触角，触角上还有突出的眼睛。脑袋下面就是他的足，它能把全身都缩入壳内，把自己封闭起来。"

"爸爸，这些环棱螺堆在一起，像不像一座

● 水中的螺蛳

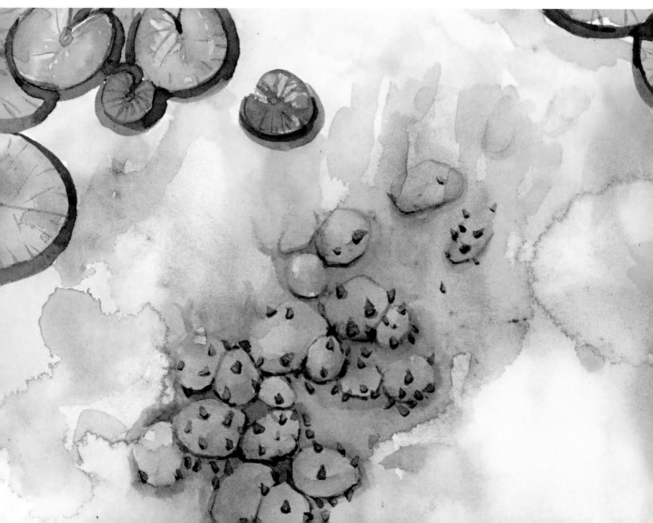

座宝塔？"罗文轩突然眼睛一亮，指着一张水底遍布螺蛳的图说道。

"小轩形容得很贴切，河流溪水边，环棱螺休息时的状态就像是一座座星罗棋布的水底小宝塔，还有你看它虽然身上背着一个又重又硬的壳，但还是属于软体动物。"罗爸爸继续补充小知识点。

　　"常见的环棱螺包括方形环棱螺、梨形环棱螺、铜锈环棱螺。它们的外壳好似宝塔形状的小房子，整体呈圆锥形，成螺高3~4厘米，又厚又硬；塔顶尖尖的，从上到下有7层，每层分割明显，缝合线深，最下面一层略大，看上去就像你平时玩的小陀螺；外壳大多呈黄褐色或深褐色，有明显的生长纹及较粗的螺棱。"罗爸爸又找了3张环棱螺的图片，对应3种环棱螺种类，一一指给罗文轩看。

　　罗文轩接过鼠标，上下滑动这3张图片，抿着嘴托着下巴，眼珠转了转："爸爸，我知道了，它们的名字对应螺壳的样子和颜色。"

　　"可以这么区分，你也可以自己在网上找一些实拍图，对比总结这3种环棱螺的样貌特征，多观察总结。"罗爸爸趁机分享学习方法。

　　"你之前提到的田螺，确实可以说是环棱螺的表亲，很多人分不清楚，今天我们顺便看看。"罗爸爸在百度搜索中输入田螺，找到图片，指了指图中的田螺说道，"常见的田螺有中国圆田螺、中华圆田螺，属于软体动物。这些小家伙的外壳不是很厚，呈现一个向右旋转的弧形。它们在不同的环境或者水质下颜色有所不同，可能是黄绿

● 方形环棱螺

● 梨形环棱螺

● 铜锈环棱螺

色或者黄褐色。另外，田螺对水质要求较高，产量不高，在夏天或者秋天可以适量捕捉一些，我们在享受美食的同时更要爱护大自然、保护生态环境呀！"

"爸爸，田螺和环棱螺长得太像了，我分不清。" 罗文轩今天接收了过多关于螺的知识，听得有点懵。

"别着急啊，它们外型上细微的差别确实很难一眼辨别，你看它们的贝壳，环棱螺的贝壳表面不如田螺光滑，上面长有许多螺旋形的肋纹，即明显的螺棱。另外，田螺个体大，一般成体壳高可达5厘米，而螺蛳一般体型较田螺小，壳高2~4厘米。你要学会仔细观察，慢慢来，今天只是科

● 方形环棱螺

● 中国圆田螺

小溪中的螺蛳

普一些皮毛。"罗爸爸轻柔地摸了摸罗文轩的头,一步步引导解释。

"讲完环棱螺的形态特征,就是它的长相,接下来我们看看它的家在哪。"罗爸爸又找到几张图片,指了指道,"这些有水的地方它都喜欢待。环棱螺特别喜欢聚集于有微流水的地方,河沟、湖泊、池沼、水库及水田内,喜底质松软、饵料丰富、水质良好的浅水水域。常以宽大的腹足在水底及水草上匍匐爬行,也常常附着在岸边岩石上。它们对环境适应性强,广泛分布于我国河北、河南、山东、安徽、江苏、浙江、江西、湖北、湖南、福建、台湾、广东及云南等地。可以说大江南北都有它们的身影。"

"如果小轩你表现优秀,爸爸还可以带着你去捉螺蛳,近距离观察它们的栖息地。"罗爸爸许诺。

罗文轩深吸一口气,更加全神贯注。

变废为宝的能力

罗爸爸继续道:"环棱螺是一种杂食性的生物,不挑食!各类小型藻类、水生植物嫩茎叶、细菌和有机碎屑等在它眼中都是美味佳肴,它甚至可以吞食腐败的有机质。环棱螺也是一种兼性

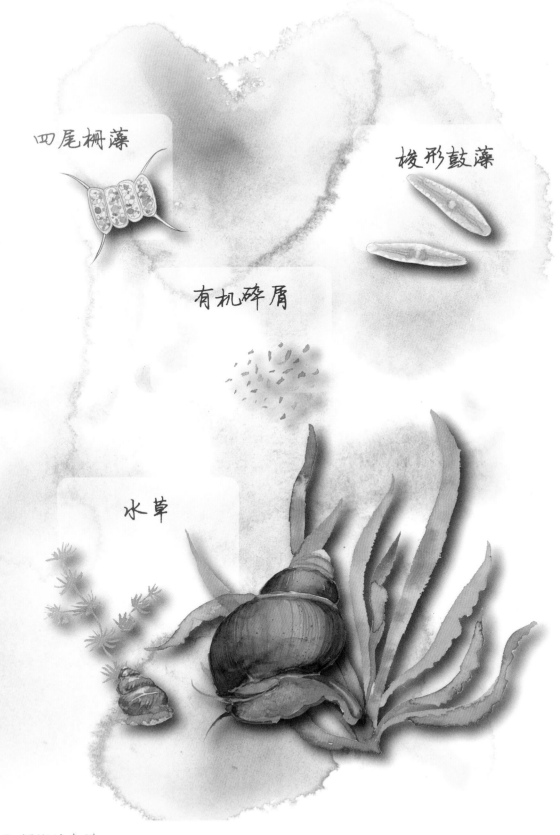

四尾栅藻

梭形鼓藻

有机碎屑

水草

● 螺蛳的食谱

的滤食生物，可以用齿舌刮食，又可以用栉鳃滤食，非常神奇。由于它特殊的结构和饮食习惯，可以把水底中过多的营养物质充分转化成可利用的高蛋白水产品，同时通过代谢营养盐干扰水体里面的营养盐浓度，对保持健康水域非常有帮助，在水体环境中起到变废为宝的作用。因此，可以称为拥有疗愈功能的水下'小奶牛'。"

"没想到普普通通的螺蛳还能为人类提供营养，不过这种生物寄生虫也多吧，会不会吃了拉肚子呀。"罗妈妈端着一盘苹果进来，也来了兴致。

"适量的食用不会有什么影响，环棱螺和田螺都可以做各种料理。"罗爸爸突然想到，"不过有一种福寿螺，一定要避免食用。福寿螺普遍都携带寄生虫，成年的福寿螺体内还有线虫，必须经过100℃的高温才能彻底煮透，而且口感没有田螺好，买的时候要特别注意，甚至有些商家也分不清。"

罗爸爸找了一些福寿螺的照片，刚想开始做对比讲解，罗文轩突然打断："妈妈，区分这几种螺我们就交给爸爸吧，有爸爸在我们不会中毒的，我们还是先吃饭吧。"罗文轩看着一张张螺的图片，觉得还是太难区分了，虽然有差别，但是猛地一看还是很像，心想还是先补充能量，再慢慢研究。

罗爸爸也知道太过专业的知识得慢慢输出，更需要结合实际。今天先让罗文轩知道环棱螺的存在，接下来可以让他自己去找资料，写观察日记，做科学研究，慢慢来，也不着急。

"那我们就下课，去吃午饭吧！"罗爸爸宣布。

第二节
神奇动物在哪里

踏青寻螺

罗文轩上的小学在当地是重点实验小学，建校早，历史悠久，是一所具有深厚文化底蕴和创新教学理念的学校，真正做到"德智体美劳"全面发展。传播知识的同时，更注重培养学生的动手动脑能力，老师除了日常的授课任务，还通过各种活动引导学生独立思考，互相交流，养成良好的学习习惯，激发潜力，拓宽孩子的视野，培养多方面兴趣爱好。

实验小学的校园活动丰富多彩。学校在每周五上午组织兴趣小组活动日，三年级及以上的学生可以报名参加喜欢的兴趣小组，形式像大学里的社团活动，也是这所实验小学特有的课余生活。在这里可以认识更多的朋友，一起探讨感兴趣的话题，分享兴趣爱好。

三月，春天的气息飘荡在校园里，花儿盛开，芳香四溢。银杏树长出新芽，逐渐翠绿明亮，焕发生机。新的学期到来，学生们换上轻薄的校服，迎接新的挑战，到处洋溢着青春和活力。

不过，最让人开心的是将要举办的春日园游会活动。这项活动不仅有各种趣味游戏，让学生们可以尽情"吃喝玩乐"，还有兴趣小组招新活动。学校立志打造一个丰富多彩的社交场合，让学生们放松身心，享受春天的美好。

罗文轩关注好久的兴趣小组叫"神奇动物在哪里"研究社。这个小组由教授五年级自然科学课程的王老师带队，主要组织学生研究"稀奇"的小动

物，探索大自然的奥秘，据说还会有不少校外活动。

今年"神奇动物在哪里"研究社希望面试者带来日常生活中普通又神奇的小动物介绍。面对众多竞争者，既不能选择太常见的，也不能选择离生活太遥远的小动物，想要突出重围，确实不是件容易的事！不过，这次罗文轩早就想好了他要介绍的"小伙伴"。多亏了前段时间罗爸爸的科普，让他对环棱螺有了很多了解，他发现环棱螺小小一只却身藏秘密，既对自然有益，又可以作为美味食材，有很多值得科普的知识点，一定会让人眼前一亮。

周末，罗文轩和罗爸爸决定去市里的图书馆，找一些相关专业的书籍和图片，找找灵感，准备面试讲稿。罗爸爸在自然科学类书籍资料区找到一本参考资料，上面记录着环棱螺会在春天爬上岸觅食。罗爸爸提示罗文轩："小轩，你可以联系季节变换介绍环棱螺的特殊之处，你们不是要举办春日园游会活动吗，想想怎么联系在一起。"

罗文轩眼睛一亮，附和道："对哦，这样老师和同学肯定能印象深刻！爸爸，我还想找找环棱螺的内部结构图，让大家看看，环棱螺除了常见的背着壳的样子，还有哪些神奇之处。"罗文轩早就想好了方向，就指着罗爸爸帮他找相关资料呢。

罗爸爸很欣慰，罗文轩现在越来越主动思考问题，不完全依赖他，确实是长大了。罗爸爸在众多科普书籍中找到一本详细标注环棱螺内部各种器官的结构图，用手机拍了照片，依照罗文轩的想法，可以制作一张大型海报，作为面试当天的宣讲材料。

内有乾坤

兴趣小组招新活动在学校艺术楼的小组活动教室举行，面试官由王老师、小组组长和两位小组成员代表组成，小组其他成员旁听。现场来了不少人，有的穿了小动物的服饰，有的带了小动物的玩偶，还有的直接带了本厚厚的词典。面试由抽签决定顺序，罗文轩排在第3位，他有点紧张，但更多的是兴奋。

大概过了半小时，前两位学生面试结束，老师叫了罗文轩的名字，终于轮到他了。罗文轩从座位上站了起来，深吸一口气，内心为自己加了加油，带着自制的海报进了活动教室。

罗文轩用磁吸钉将海报钉在了黑板上，朝面试官们微微示意，开始自我介绍："大家好！我是一只环棱螺，我们是春天的小小信使，每当冬去春来，万物复苏，水温上升到15℃时，我就会爬到岸边或水草上找食物，所以当人们看到河流岸边有我们的身影时，也就知道了春天到了。我有一个随时携带的家，像极了宝塔，被称为螺壳。螺壳中等大小，形状为圆锥形或者低锥形，螺层的表面近乎平直，最下面的一层最大。我的螺壳口是卵圆形的，边缘完整。螺壳上有许多生长纹。我的身体柔软，脑袋是个圆柱形，前端有突出的嘴唇；嘴巴处有触角对，隆起的眼个就长在触角基部的外侧。我的脚在脑袋下面，非常宽大。每当我感到危险时，就能将脑袋和脚缩进壳里，并关上螺壳，躲到我的小宝塔里。大家平时看得比较多的是我背着壳的样子，其实我小小的身体里面藏着大大的秘密哦！下面就向大家展示我的各个部位。"边说边指着海报上环棱螺的各个部位详细讲解。

吻：位于头部前端的是嘴唇。

口：口位于吻的腹面。

触角：1 对，位于吻基部两侧。雄性的右触角特化，短而粗于其顶端。

眼：1 对，位于触角基部外侧隆起上。头后部两侧有褶状的颈叶，左侧的形成进水管，右侧的形成出水管。

足部：位于头部后方、内脏团下方，宽大，肌肉质。

厣：螺壳口圆片状的盖，位于其后部背面。

内脏团：位于足的背面。

外套膜：薄而透明的膜状物，紧贴着体螺层内壁，覆盖于内脏团上方。前端宽而厚、色深，形成领，围绕着头部和足部；腹面大部分与足部肌肉块及壳轴肌等愈合在一起。

外套腔：外套膜与头部、足部及内脏团之间的空腔。

肛门：位于外套腔内右侧壁前缘。

肾孔：位于肛门附近。

雌性生殖孔：位于肾孔下方一管状物顶端。

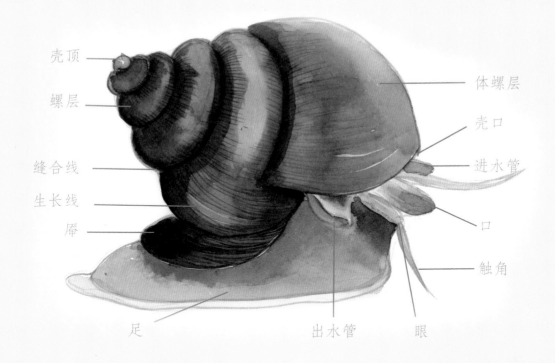

壳顶
螺层
缝合线
生长线
厣
足

体螺层
壳口
进水管
口
触角
出水管
眼

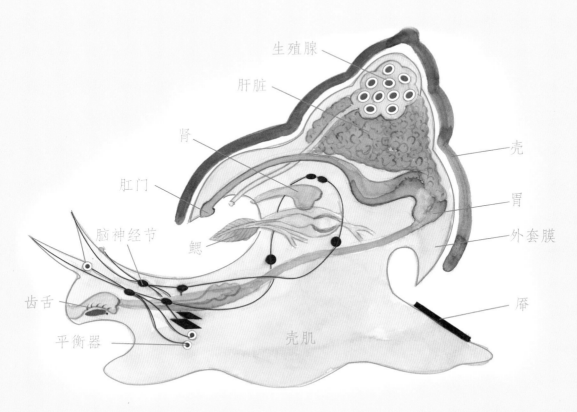

生殖腺
肝脏
肾
肛门
脑神经节
鳃
齿舌
平衡器
壳肌

壳
胃
外套膜
厣

● 螺的内部结构图

罗文轩准备得很充分，叙述流畅，过程中不断地调整自己的语调和音量，十分专注认真。当落下最后一个字，王老师带头鼓起了掌，开口说道："你的介绍很特别，准备得也很专业，看得出你是真心喜欢研究小动物，我不得不提前恭喜并欢迎你加入我们这个大家庭。"

罗文轩没想到正式结果还未公布，他已经被提前"录取"了，顿时松了一口气，迫不及待地想要回家和爸爸妈妈分享这个好消息。

第三节

春天的信使

活动前的准备

    罗文轩顺利通过了兴趣小组的面试，迎来了第一次兴趣小组活动日。新老成员第一次集体活动，王老师希望大家踊跃介绍自己。罗文轩认识了会做饭想成为科学家的袁源，擅长书法、画画的陈瑶瑶，喜欢昆虫的王小波等，并了解到"神奇动物在哪里"研究社是个自由温暖的大家庭，组员们都很喜欢动物，大家可以一起探索大自然的奥秘。

    在王老师的安排下，小组迎来新学期第一次集体任务。小组成员将参与春日园游会的两个板块任务，分别是主题摊位展览和美食竞赛活动。老师和几位老成员一致认为，罗文轩之前准备的面试内容很新颖，他介绍的环棱螺也很独特，非常适合这次比赛，所以决定这次的园游会就以环棱螺为主角。

    罗文轩没想到自己不仅能加入喜欢的兴趣小组，还能为小组活动出一份力，内心激动不已。经过大家讨论及王老师的协调，由小组长李明带头，罗文轩、王小波负责收集环棱螺的资料，并参与展览讲解。陈瑶瑶和另外几位老组员负责制作展览海报，袁源和剩下的老组员负责美食竞赛活动。就这样，加入新鲜血液的"神奇动物在哪里"研究社第一次小组活动顺利启动。随着园游会活动日

的临近，每位组员处于紧张备战状态，整个团队变成了团结协作的大家庭。

三月的最后一周，实验小学的春日园游会活动正式开始。活动持续两天，并邀请学生家长参加。校园里到处是学生们忙碌的身影，热闹非凡。周四的阳光柔和地洒在学校草坪上，学校主干道上，一个个色彩鲜艳的摊位排列在道路两旁，每个兴趣小组成员都在精心布置他们的主题展览物品，有运动主题、动漫主题，还有书法绘画展览等，这些摊位上摆放着学生们的创意作品，吸引了众多学生及家长的目光。

在银杏树旁有一队小学生忙碌地布置着他们的摊位。这个摊位的主题叫"春天的小小信使——环棱螺"。罗文轩和其他组员用硬纸板制作了一幅环棱螺的内部结构图，标注了环棱螺各个部位的作用，摊位的正中央设置了一个透明的方形鱼缸，里面模拟环棱螺在水底生活的环境，布置了水草、小石子、鱼虾等，组员们还用心地准备了活的螺蛳，密布在鱼缸底部。

同时，摊位桌子上展示着王瑶瑶用书法写的有关螺的诗句，有宋代王质的《山水友馀辞·秧鸡》：雨豪狭溪成阔溪，螺蛳蠑子澎澎肥。有清朝周稚廉所著的《相见欢·小鬟衫着轻罗》：小鬟衫着轻罗，发如螺，睡起钗偏髻倒唤娘梳。心上事，春前景，闷中过，打叠闲情别绪教鹦哥。

还有一位高年级的学姐仿画了上海著名画家江寒汀的作品《螺蛳壳里做道场》，这些都是罗文轩和王小波去图书馆翻阅资料找到的与螺相关的文化资料。

● 螺蛳壳里做道场

春日园游会首日的摊位展览活动逐渐进入高潮。每个摊位前都围了不少学生和家长，尤其是"神奇动物在哪里"兴趣小组的摊位。罗文轩和小组成员热情地接待每一位参观者，组织感兴趣的同学玩游戏，向他们科普环棱螺的各种知识。有人听完不禁感叹从未注意过这么微小的生物，这个活动让他们对大自然有了更大的好奇心。家长和老师都对小组成员的配合表示了高度的赞扬。对于罗文轩和小组成员而言，这一天很有意义，他们的努力得到了肯定，让人们更了解环棱螺，也为他们接下来的美食竞赛活动打下基础。

厨王劲霸赛

园游会第二天下午，在学校食堂举办美食竞赛活动，起名"厨王劲霸赛"。比赛随机挑选3位优先品尝者作为评委。比赛现场三大排长桌，桌上厨具、食材、调料提前由食堂准备。限时一小时，按铃提交菜品，超时取消比赛资格，评委品菜的同时由每组讲解员叙述菜品背后的故事，最终由食堂3位大厨及3位品尝者评出优胜小组。

比赛现场小厨师们身着学校统一定制的"大厨装"，两三人同时配合，像模像样地开始操作。"神奇动物在哪里"兴趣小组延续了"春天的小小信使"的主题，以螺蛳为主要食材，由袁源掌勺，陈瑶瑶等3位组员打下手，最后由罗文轩担任美食讲解员的工作。陈瑶瑶将提前浸泡吐沙的螺蛳剪去螺壳尾尖，其他两位组员一位负责准备葱、姜、蒜等调味料，一位收拾厨余垃圾并为摆盘做准备。袁源作为主厨，身穿深色围裙，手法娴熟。只见他从清水中捞出一颗颗螺蛳，放在篮中晾干，随后将锅烧热，加入适量的食用油，待到油温升高，将螺蛳倒入锅中爆炒，他不断挥舞着锅铲，每一次翻动都像在跳舞。爆炒时加入葱、姜、酱油、料酒、白糖等配料，来提升螺蛳的口感。整个过程连贯流畅，组员们配合默契，最后在螺蛳口厣片掉下来时关火将螺蛳装入盘中，小组成员完成摆盘后按铃示意。每一颗螺蛳都闪着诱人的光泽，是一道色香味俱全的美食。

随着各组成员按铃声陆续响起，一道道美食制作完成，食堂的大厨和3位品尝者组成的评委组依次品鉴每组的成品菜肴，带头的大厨用纸和笔记录每道菜的优缺点。当评委组来到"神奇动物在哪里"小组，罗文轩作为讲解员介绍道："这道菜我们取名为'星螺棋布'，盘中的螺蛳就像一颗颗璀璨的星星，也像棋盘中均匀分布的棋子。清代文学家范寅《越谚》中曾提到：清明螺，抵只鹅。应节而肥，此指螺蛳，非日螺也。

● 螺蛳美食

清明时节的螺蛳还没有产子，其肉质细腻，味道鲜美，口感最好！而螺蛳在南方很多地区，都是春天必定享用的'小鲜肉'！可见这个时间螺肉的美味，这就是所谓的'明前螺，赛肥鹅'。另外，环棱螺的肉质鲜美，风味独特，营养丰富，还是天然保健的水产食品。螺的吃法众多，可炒、可煮、可拌、可焓、可醉、可糟。在家常烹调方式中最常见的做法就是爆炒。大家可以用牙签挑出螺肉，伴随鲜美的汤汁一起享用，品尝鲜美滋味。"罗文轩看几位大厨熟练地嗦起螺肉，继续说，"我国一些地方至今还保留着清明节吃田螺的习俗。清明节这天，用针挑出田螺肉然后烹食，叫'挑青'。吃后将田螺壳扔到房顶上，据说田螺壳在屋瓦上发出的滚动声能吓跑老鼠，有利于后续养蚕。"

罗文轩这些天缠着罗爸爸准备讲解词，已经烂熟于心。几位评委品尝过后，满意地点了点头，对罗文轩的讲解表示赞许。最终小组虽没有获得前三，但也获得了团队配合奖。

园游会在周五晚上音乐会的歌声中圆满结束。"神奇动物在哪里"兴趣小组在此次园游会中表现优异，每位组员竭尽所能，团结一心，都获得了加学分的机会。罗文轩第一次正式参与到园游会活动中，让大家有机会了解环棱螺，了解这个春日里的小小信使，为这个春天增添了独特的色彩。

夏 之 生

小螺宝宝的诞生

夏日炎炎，窗外热风阵阵，阳光刺眼穿过树丛，知了声打破了午休的宁静。罗文轩这学期表现优秀，罗爸爸答应带罗文轩去露营，现在他正奋笔疾书，想要提前把这些天的暑假作业完成。罗文轩满怀期待，这一定是一场难忘的露营之旅！想象着和爸爸妈妈一起搭帐篷、烧烤，甚至幻想着遇到各种野生动物，兴奋不已。

转眼到了周末，天公作美，阳光明媚。罗爸爸提前准备了露营用的睡袋、野餐用具、急救包等应急用品，罗妈妈则张罗着路上的餐食和各自的证件，罗文轩则带上自己的画本、课外书、日记本等，大家翘首以盼，十分期待这次旅程。

经过 3 个小时的车程，一家人终于到了市区外靠近邻省的乡镇。罗文轩觉得这里简直是世外桃源！大块大块棉花一样的云朵，在蓝天中自由地飘浮着，天空尽头连着山，山峦之间云雾环绕，静谧且神秘。山脊上隐约可以看到古朴的房屋、袅袅的炊烟，仿佛人间仙境。

山脚下小溪旁有一块已经开发的露营地。周围绿树环绕，枝繁叶茂，山野间的凉风带走夏日的闷热。小溪清澈见底，水流声好似孩童银铃般的笑声，轻快且稚嫩。溪水在阳光的照射下闪着斑驳的银光，可以清晰看到鱼儿游过。露营的帐篷就搭在溪水边的草丛上，一排排的十分整齐。罗文轩一家提前预定了能容纳 3 个人的帐篷，他们带着准备好的生活用品来到自家的帐篷前，罗妈妈开始收拾物品。罗文轩等不及跑到溪水边，吹着微风，好奇地观察溪水边的鹅卵石，仿佛发现了新世界。突然惊喜地看见一只环棱螺附着在石头上，外壳像个小陀螺，有深褐色的螺纹，慢慢地爬行。他轻轻伸出手，想要触碰这只环棱螺，当他的手快要接触到它的时候，环棱螺仿佛预感到了危险，缩进了壳里。

罗文轩很兴奋，终于看到野生的环棱螺了，他迫不及待地回头喊罗爸爸过来一起研究。罗爸爸听见儿子的呼喊，微笑着走过来，蹲下身子和罗文轩一起观察："小轩，还记得爸爸之前说过环棱螺是腹足类软体动物，喜欢生活在冬暖夏凉、底质松软、饵料丰富、水质清新的水域中，特别喜欢群集在微流水的地方，现在是八月份，正是环棱螺繁殖的季节，我们找找说不定能发现它的幼仔。"说着往周边看了看，在一处水流涌动明显的地方蹲下，翻了翻石头，果然看到十几只非常迷你的环棱螺，不仔细看很难注意到。罗文轩想要去捡，被罗爸爸拽着衣领提醒注意脚下石头滑。

"爸爸，环棱螺是夏天生小宝宝吗？"罗文轩心想观察日记的主题有了，罗爸爸点了点头说："夏天是环棱螺的繁殖旺季，水温在 25℃以

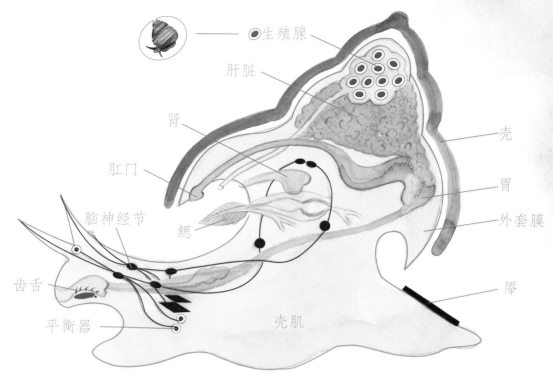

生殖腺

肝脏

肾

肛门

脑神经节

鳃

齿舌

平衡器

壳

胃

外套膜

厣

壳肌

● 卵胎生示意图

上开始繁殖，螺妈妈通常一次能产出小仔螺 20 至 30 枚不等，一般每年可产 2 次。

　　"那环棱螺是像鱼儿一样产卵吗？"罗文轩好奇地问道。罗爸爸继续解释："环棱螺是一种卵胎生动物，什么是卵胎生呢？就是它把卵留在体内，等卵孵化完成后再直接生出小螺蛳宝宝来。这种生育方式可以保证幼螺的成活率。我们吃螺的时候，有时会有一点沙沙的感觉，其实就是嚼到了在母螺体内的小螺。"罗文轩听得全神贯注，他发现爸爸真的很博学，自己要更加努力学习，长大了一定可以超过爸爸。两人在溪水边观察着这些神奇的小生物，感受着夏日的美好。

美味珍馐惹人爱

露营地所在的乡镇因为旅游带动消费，晚上变成了热闹的夜市。整个乡镇铺满石板路，古风的建筑配上现代的灯光并不违和。整条街道灯火通明，各种餐馆、路边摊和娱乐项目都吸引着各地游客，人们不紧不慢地闲逛，感受着独特的乡镇风情。

罗家三口商议好晚上去乡镇的夜市感受当地的美食。罗爸爸选了一家大排档，说要给罗文轩一个惊喜。只见不大的店铺前整齐地排布着一张

● 夏季的螺蛳美食

张桌椅，人们三五成群围坐在一起，谈笑之间享受着美食。罗爸爸选了个靠近街道的桌子，一家三口入座。

老板长了一脸络腮胡子，带着淳朴的乡音："几位看看吃什么。"说着翻开菜单，指着第一页的特色菜一览介绍，"我们家炒菜、红烧、炖汤、烧烤都有。特色菜您看看有个一螺三吃，一是紫苏炒螺肉：螺蛳肉质鲜味，与紫苏爆炒不仅美味，而且不易上火；二是酸笋炖螺蛳：用炖煮的方式，与酸笋与一同炒煮，再加点薄荷，风味独特；三是豆腐香菜螺蛳汤：在螺蛳汤中加入豆腐香菜，鲜美过人，清甜营养。这道菜客人反响不错，几位可以试试。”

罗文轩没想到除了螺蛳粉、爆炒螺蛳以外，还有这么多做法，原来爸爸说的惊喜是这个餐馆的特色菜啊！肯定要尝尝，很快一家人选好两荤三素一汤，等着上菜！

“小轩，螺蛳虽然美味，但是煮不熟容易使人感染病菌和寄生虫，并且螺蛳肉性寒，你可不能吃得太多，适量就好。”罗妈妈知道罗文轩这段时间对环棱螺着了迷，友情提醒。

“是啊，小轩，记得上次你们做的那道菜为什

● 螺蛳尾部被剪掉

么要先去掉螺蛳的尾部吗？就是因为尾部是螺的性腺、肠道等器官所在地，不卫生口感也不佳。"罗爸爸想起上次罗文轩园游会的比赛，解释道。

"说到这，民间有个田螺不吃尾的典故！"罗爸爸的话勾起了大家的好奇心，罗文轩和妈妈同时看向他。罗爸爸清了清嗓子，缓缓述说："南宋时期，抗金名将岳飞含冤下狱，秦桧命令时任大理寺卿的周三畏审理此案，秦桧让周三畏暗害岳飞，周三畏不肯，又不敢得罪秦桧，便弃官夜逃带着家人来到兰溪白露山下隐居。周三畏的屋前有一小水塘，周三畏常在水塘中摸螺蛳吃。有一天他将摸上来的螺蛳剪掉尾巴，正准备下锅，突然家人告诉他秦桧来搜山了，周三畏赶紧带着家人躲到山上去。周三畏早就猜到秦桧不会放过他，之前已经和家人演练了很多遍逃生事宜，众人把家里收拾一番后准备躲进山里。跑了一半，周三畏大喊一声不好，桌上的螺蛳还没有处理，要是被官兵看到，行踪就暴露了。周三畏又折返回去处理螺蛳，由于时间紧迫，周三畏将这些无尾螺蛳倒回了小水塘里，官兵来搜过之后什么也没有发现便离开了。周三畏回来的时候，发现那些无尾螺蛳都活了下来，触景生情不忍再吃。嘉定元年，宋宁宗为表彰其功绩，给周三畏故居赐匾，名为'忠隐庵'。据说周三畏故居的水塘里现在还有无尾螺蛳，它们一代代繁衍了下来，这个民间传说主要是表达民众对周三畏挂冠的敬仰之情。"

"我知道，岳飞是大英雄，秦桧是奸臣，今天又认识了周三畏，没想到田螺不吃尾和他们有关啊！"罗文轩手托腮，心想着回去好好了解一下这段历史。

谈笑间，菜已经上齐，热腾腾的菜肴勾起三人早已觉醒的味蕾。他们享受美食的同时，也感受着这一刻家人陪伴的美好。这就是理想中的生活啊！平凡且真实，可贵又幸福！

在这个烟火气浓郁的夜色中，罗文轩一家将继续他们的露营之旅！

秋之韵

再次寻访

　　罗爸爸的老家在邻省的山村，一年之中也只有在节假日才能回去与家人团聚。中秋节将至，考虑到爷爷奶奶年纪大了，罗爸爸和罗妈妈商议带着罗文轩回老家过节。

　　罗文轩爷爷奶奶平时和姑姑一家住在县城里。爷爷是个硬朗的老人，虽然已经上了年纪，但是精神劲十足，对新鲜事物也很容易接受，听罗爸爸说罗爷爷年轻时候还做过老师。罗奶奶是个淳朴的农村妇女，身材微胖，脸上总是挂着笑容，让人倍感亲切温暖。罗文轩姑姑一家人热情好客，罗文轩记得姑姑一家是开饭店的，生意红火。

　　罗文轩还有个表姐叫祁梦，她性格随了姑姑，是个开朗乐观的姑娘。小姑娘留着乌黑的长发，皮肤白皙，眼睛大而明亮，笑起来能看到明显的小梨涡，十分可爱。罗文轩与表姐兴趣相投，都喜欢观察小动物，听罗爸爸讲故事、普及科学知识，每次见面都有聊不完的话题。

罗爸爸和姑姑一家相约在老宅过节，姑姑一家早早就来到老宅准备，罗文轩一家也在中秋一早出发。罗文轩一见到表姐就迫不及待地和她分享自己加入了"神奇动物在哪里"兴趣小组，最近在研究环棱螺，这方面还小有成就，这次是带着任务来的。大人们看着两个小家伙讨论得火热，完全没有生分，欣慰不已。

罗家老宅后面有一汪池塘，罗文轩这次的任务就是继续寻找环棱螺，希望能观察到各个季节的环棱螺，写成观察日记，和兴趣小组的成员分享。罗文轩和表姐轻车熟路，在杂草丛生的池塘边找到阶梯状的石板路，这条路带着他们回到小时候。沿着石板路往下，池塘全貌映入眼帘。虽然水面飘了不少杂草、树叶，水质却并不浑浊。靠近池塘边时偶尔有小鱼游过，荡起水面涟漪，两人不禁想起小时候跟着爷爷来这捉鱼捉虾的场景。突然，罗文轩打了个趔趄，心里一惊，还好表姐眼明手快扶住了他，他意识到脚下踩到硬物，低头看了看是一块石头，顿时松了一口气。两人找了一块干净的石板蹲下，表姐仍时不时提醒罗文轩注意脚下，防止踩空。

罗文轩想起罗爸爸说过在夏季螺妈妈大量产子之后，会在秋天大量进食，为过冬做准备，当水温下降到 8~9℃时，螺开始冬眠。罗文轩内心

● 螺蛳冬眠

特别想让表姐看看这个神奇的小生物，也不知道在自家池塘能不能找到环棱螺。两人用地上的树枝捣鼓着浅水区，认真地翻找每个角落。突然，表姐碰到了一堆硬硬的东西，用手捡起，仔细看了看，好像是一颗螺壳。罗文轩看见表姐找到的螺壳，非常高兴，他心想池塘里肯定会有螺蛳群，于是更加努力地寻找。

终于在两大块石头壁上发现了一片深褐色的螺壳，它们紧紧吸附在石头壁上，有的露出细长的触角，有的半露着脑袋，罗文轩兴奋地拉着表姐："快看，这就是环棱螺！外壳像个小宝塔，塔顶尖尖的，远看就像一颗颗小棋子！"表姐好奇地靠近观察："它们怎么有大有小，小轩你看这个特别大！"说着表姐想要捡起看看。

"这个应该是螺妈妈，小的可能是它的孩子，爸爸说它们是夏天繁殖，现在为冬眠做准备，过冬的时候它们不用吃东西，用壳顶着黏土，只在土面留个圆形小孔，不时冒出气泡。"罗文轩像个小老师给表姐解释。

祈梦发现罗文轩说起环棱螺来像模像样，眼

● 螺蛳刮食水草

睛里闪着光，她不由得被他的热情感染，继续听他科普："螺被称为池塘的'清道夫'，因为他们是杂食性水生物种，水里面的微生物、已经死亡腐烂的动植物、水里植物的幼嫩茎叶等有机物，都可以作为它们的食物，最关键的是，它们吸收这些对池塘环境不好的有机物，能快速净化水环境，改善水质，所以我们能看见这个池塘水质不错，鱼虾成群。同时，螺也是许多其他水产动物的食物，可以说环棱螺是个宝！"

祈梦听入了迷，罗文轩又讲了罗爸爸讲述过的关于田螺不吃尾的典故，使得她更加好奇，想要进一步了解这个神秘的物种，两人热火朝天地讨论着。

螺蛳壳里做道场

爷爷不放心两人独自在池塘边玩，前来看看情况。看着他们对池塘里的螺蛳感兴趣，也上前观察起来，祈梦想到爷爷年轻时候是位老师，好奇地问："爷爷，你知道有关环棱螺的故事吗？"

爷爷微微一笑，回答道："不知道你们有没有听过'螺蛳壳里做道场'这句话？"

祈梦皱眉，摇了摇头。罗文轩抢答："我看见过这幅画，好像是和岳飞有关的故事。"

爷爷没想到罗文轩真的做了不少功课，有关环棱螺的信息都能讲出一二，欣慰地摸了摸他的头，慢慢讲述："这句话确实和岳飞有关！相传当时奸臣秦桧以'莫须有'的罪名把岳飞害死在风波亭，并且禁止任何人为其收尸。当时有位牢头非常同情岳飞，忠臣一心为国却蒙冤而死，抛尸荒野，天理不公！便冒险把岳飞的遗体带到钱

● 岳飞

塘门外。但是该埋在什么地方呢？"罗爷爷顿了顿，看着两人求知的眼神，卖起了关子。

"我猜和螺蛳有关。"罗文轩知道爷爷的套路，配合着说道。

"对，这位牢头看见钱塘门外有一堆螺蛳壳堆得很高。原来，当时在钱塘门外，有不少穷人靠螺蛳为生。他们在小河边支起锅，将螺蛳倒入沸水中煮熟，然后挑出螺蛳肉，晒干出售，日积月累，废弃的螺蛳壳就越积越厚。为何不把岳飞的遗体埋在螺蛳壳堆里呢？牢头便扒开螺蛳壳，把岳飞的遗体埋在了螺蛳壳堆里，再把螺蛳壳盖在上面。这一切做得神不知，鬼不觉，毫无破绽。一晃过了20年，宋孝宗即位，查明岳飞当时是被冤枉的，就打算为岳飞平反昭雪，便贴出皇榜，以重金寻找岳飞的遗骨。当时牢头就去揭皇榜，说当时把岳元帅埋在了钱塘门外的螺蛳壳堆里，如此'欲觅忠臣骨，螺蛳壳里寻'，宋孝宗得知后，立刻派人到螺蛳壳堆里去寻找。果然在那里找到了岳飞的遗体，于是，朝廷选择了黄道吉日，超度亡灵，请了100个和尚和100个道士做水陆道场。四面八方的老百姓成群结队来祭拜。岳飞安葬后，大家都知道了'螺蛳壳里做道场'的事，都说虽然地方小，但是仪式非常隆重，慢慢就形成了这句俗语。"

"爷爷，道场到底指什么？"罗文轩一直想问这个问题。

"道场就是超度亡人的法会，这句俗语现在的意思指在狭小的空间做大场面，表示为人能干、精明。"罗爷爷进一步解释。

罗文轩听得入神，微微点头，还想再次发问，爷爷估摸着已经到了吃饭的时间，轻轻拍了拍他俩的肩膀，表示先吃团圆饭，关于环棱螺的故事不急于一时。

三人回到老宅里屋，家人已经摆好饭菜，满满一桌美食，朴实且温馨！在欢声笑语中，大家共度这难得的中秋团圆节！

第六节

冬之藏

螺蛳粉的起源

　　罗妈妈是网络博主中的一员,以更新美食笔记为主,最近打算尝试视频直播,应罗文轩提议,打算尝试以螺蛳粉为主角做美食专题。两人商量着预热推广文内容,罗文轩建议从螺蛳粉的起源地着手,说不定能发现让人惊奇的小故事。

　　罗妈妈和罗文轩查找到的资料显示,柳州螺蛳粉名声响当当,形成于 20 世纪 80 年代,吸引了不少食客,但螺蛳粉的真正起源,可谓众说纷纭。

　　说法一:柳州解放南路有家兼营干切粉的杂货店,店员早上常常拿干切粉到隔壁阿婆的螺蛳摊去煮,煮时加入螺蛳汤汁,后来又有人买来青菜搭配。卖螺蛳的王记阿婆觉得这样煮出来的粉味道甚佳,于是就卖起了螺蛳粉。

　　说法二:谷埠街菜市是柳州市内生螺批发的最大集散

地，旁边工人电影院的电影散场后，很多人喜欢在附近逛街，便形成谷埠街夜市。柳州人素来嗜吃螺蛳和米粉，有些夜市老板同时经营煮螺和米粉。一些食客喜欢在米粉中加入有油水的螺蛳汤，就此形成了螺蛳粉的雏形。

说法三：一天深夜，几位外地人来柳州，到了一家快要打烊的米粉摊点，因骨头汤已没有，只剩一锅煮螺余下的螺蛳汤，摊主就把米粉放到螺蛳汤里煮，加上青菜以及花生等配菜，几个外地人吃后大呼好吃。摊主后来逐步完善其配料和

● 螺蛳粉

制作，做成了螺蛳粉。

罗妈妈根据查找到的资料整理了螺蛳粉系列第一篇笔记《螺蛳粉的小秘密》。果然笔记一经发布，查阅点赞人数不断攀升，评论也在不断更新。有的人评论："刚吃完就刷到，涨知识了！"有的人直截了当："超级美味！"有的人不禁感叹："王阿婆真有商业头脑。"大家对螺蛳粉的热爱似乎超出了预期，罗妈妈看着这些评论，直播的信心增加了不少。

罗妈妈希望每次能分享有用的知识给观众，她决定深入挖掘螺蛳粉的制作技艺。罗文轩看自己所知有限，急忙去求助罗爸爸。据罗爸爸讲述，螺蛳粉是柳州最具地方特色的名小吃，具有辣、爽、鲜、酸、烫的独特风味。螺蛳粉的味美还因为它有着独特的汤料。汤料由螺蛳、山柰、八角、肉桂、丁香、各种辣椒等天然香料配制而成。2008年，柳州螺蛳粉手工制作技艺入选广西壮族自治区第二批非物质文化遗产名录。2018年8月20日，"柳州螺蛳粉"获得国家地理标志商标。2020年被列入国家级非物质文化遗产名录。

原来，广受大家欢迎和喜欢的网红小吃还是国家级非物质文化遗产，罗文轩又涨了见识。罗妈妈提出自己的疑问："螺蛳粉的汤里为什么没有螺蛳？螺蛳和螺蛳粉有关系吗？"罗文轩想起罗爸爸之前介绍环棱螺时科普过，十分积极地帮妈妈解答：

"螺蛳粉的汤底是用螺蛳和猪骨头熬制的。"

罗爸爸点头表示肯定："螺蛳和螺蛳粉是有关系的，螺蛳粉的汤底是用香料爆炒过的螺蛳和猪骨汤熬煮而成的，因为螺蛳的精华都已经熬在了汤底，所以螺蛳粉里面就没有螺蛳。精心熬制的螺蛳汤具有清而不淡、麻而不燥、辣而不火、香而不腻的独特风味，也是螺蛳粉的灵魂所在。另外，现代科学证实：螺蛳营养成分较全面，每百克可食部分含蛋白质 11.4 克、脂肪 3.8 克、碳水化合物 1.5 克。另外，还含有无机盐、维生素 A、硫黄素、烟酸等多种微量元素和氨基酸，是不可多得的高蛋白、低脂肪营养食品。

听了罗爸爸的讲解，两人都收益不少。这些内容都被记录在第二篇笔记中。此外，罗妈妈还了解到螺蛳粉在当地人的生活中不仅仅是美味佳肴，还承载着劳动人民温暖的情谊。寒冷的冬天，一碗热腾腾的螺蛳粉，让人倍感温暖！于是第二篇笔记《天气这么冷，来碗螺蛳粉吧》上传发布！并预告两天后直播现场制作螺蛳粉，粉丝们纷纷留言表示期待！

为了这次直播，罗妈妈准备了专业的打光设备，直播地点设在厨房。螺蛳粉相关的食材配料准备就绪，就差主角螺蛳了，罗妈妈跑遍各大超市、菜场都没找到新鲜的螺蛳。罗爸爸说螺蛳到了冬天需要冬眠，待来年开春水温回升到 15℃ 左

● 冬天的池塘

右时，才重新出穴活动和摄食，所以这个季节市场上不多见，建议罗妈妈网购。还好现在的冷链快递隔天到达，罗妈妈顺利地在直播前准备好所有食材。

直播开启

直播当天，罗妈妈围着平时用的围裙，画了美美的淡妆，站在厨房备菜的台子前紧张地收拾台面，正对面放着长长的手机支架，还摆着特地为直播购置的打光设备。罗文轩和罗爸爸也在厨房外的饭桌前坐着，为罗妈妈加油打气！

八点整，罗妈妈刚进入直播间，观看人数瞬间突破五百人，罗妈妈十分激动。她稳定情绪，先做自我介绍："粉丝朋友们，大家好！我是罗妈妈！第一次以直播的形式与大家见面非常高兴，也感谢大家长久以来的支持！今天我会为大家做一道网红小吃——螺蛳粉。感兴趣的朋友可以点关注哦！"罗妈妈按照准备好的开场白顺利地开始直播。

"今天我们需要用到的主要食材有螺蛳、筒骨、鸡骨架、木耳、炸腐竹、已经泡软的米粉，配料有葱、姜、蒜、紫苏、酸笋、花生、各种香料，还有厨房常备的调味料等。"罗妈妈对着镜头一一展示食材。

"首先我们用小火将香料炒出香味。"待到油温升高，罗妈妈倒入八角、桂皮、香叶、草果、砂仁、丁香、干辣椒、葱、姜等，"这些都是常见的香料，粉丝朋友们可以在超市买到。"

"炒出香味，放入酸笋、紫苏、螺蛳，继续翻炒，等看到螺蛳肉微微露出，再加入鸡骨架和筒骨，最后加入热水一起熬煮。"罗妈妈一边解释一边熟练地倒入食材，"螺蛳粉汤的精髓就来自螺蛳和筒骨一起熬制产生的独特的'化学反

● 美味的螺蛳粉

应'，因为这个汤底要熬好几个小时，我们今天
在直播间会使用提前熬好的汤底，同时我们可以
用另外的锅炸制新鲜的辣椒油。"

　　罗妈妈拿出提前准备好的铁锅，热油小火爆
香葱，倒入辣椒面做成辣椒油，随后将炼好的辣

油加入螺蛳汤里，螺蛳粉的汤底就完成了。罗妈妈用汤锅煮熟泡好的米粉后捞出，倒入汤底，螺蛳粉基本成型。"大家自己在家做螺蛳粉，可以按照自己的需求，加入豆腐果、花生、鸭脚等配菜。"罗妈妈耐心地讲解。

"好了，一碗美味的螺蛳粉就完成了！粉丝朋友们可以学起来，冬日里来上一碗螺蛳粉，特别有家的温暖！"罗妈妈整个直播有条不紊，虽然有些小紧张，总体还是顺利完成了首次直播的任务。

整个直播持续了两个多小时，罗妈妈耐心地回答粉丝们提出的问题，不少人都在催更下期直播内容，快要结束时罗妈妈表达了感谢，在大家依依不舍的评论中下了播。罗文轩看着妈妈在自己感兴趣的事情上拥有着一方天地，也暗暗下定决心继续探索神奇的生物，希望能找到像环棱螺一样既常见又神秘的小动物，发现更多有趣精彩的故事。